# 图说安全

## ——火电厂安全生产典型违章

### 除尘、脱硫、脱硝

孙海峰　韩路　陈小强　编

王瑞龙　绘图

中国电力出版社
CHINA ELECTRIC POWER PRESS

**图书在版编目（CIP）数据**

火电厂安全生产典型违章. 除尘、脱硫、脱硝 / 孙海峰，韩路，陈小强编；王瑞龙绘图. —北京：中国电力出版社，2017.7（2022.3重印）
（图说安全）
ISBN 978-7-5198-0927-0

Ⅰ. ①火… Ⅱ. ①孙… ②韩… ③陈… ④王… Ⅲ. ①火电厂－安全生产－违章作业－图解 Ⅳ. ① TM621-64

中国版本图书馆 CIP 数据核字 (2017) 第 162099 号

出版发行：中国电力出版社　　　　　　　印　　刷：北京瑞禾彩色印刷有限公司
地　　址：北京市东城区北京站西街 19 号　版　　次：2017 年 7 月第一版
　　　　　（邮政编码 100005）　　　　　　印　　次：2022 年 3 月北京第二次印刷
网　　址：http://www.cepp.sgcc.com.cn　　开　　本：889 毫米 ×1194 毫米 48 开本
责任编辑：畅 舒 （010-63412312）　　　　印　　张：2.25
责任校对：闫秀英　　　　　　　　　　　　字　　数：63 千字
装帧设计：张俊霞　　　　　　　　　　　　印　　数：2001—2500 册
责任印制：蔺义舟　　　　　　　　　　　　定　　价：19.00 元

# 内容提要

　　《图说安全——火电厂安全生产典型违章》针对火电厂专业人员工作实际，以生动形象的漫画和精炼语言再现违章现场，具有图文并茂、通俗易懂的特点。现场生产人员通过阅读能够起到铭记安全操作规程、减少安全事故的作用。

　　本分册从除尘、脱硫、脱硝人员现场着装违章，安全文明生产违章，安全管理违章，操作票违章，交接班违章，工作票违章，现场作业违章，巡回检查违章，消防违章，安全工器具违章，安全标识、设备标识违章十一个方面对电厂除尘、脱硫、脱硝专业近年来在生产过程中的各类违章现象进行筛选和整理，共计 84 种。

　　本书可供各发电企业现场生产人员及管理人员进行安全教育时使用，也可供电力系统相关人员学习参考。

前言

　　"安全第一、预防为主"是我国安全生产管理方针，纵观电力行业近年所发生的事故，90% 是由于违章产生的。所以安全生产主要从人员违章抓起。

　　违章是指企业员工在电力生产过程中违反电力安全生产有关法律、规章制度进行违章指挥、违章作业、违反劳动纪律的行为。违章按生产活动组织与事故直接原因之间的联系可分为：作业性违章、装置性违章、指挥性违章、管理性违章；从违章行为的性质、情节及可能引起的后果，一般可分为严重违章、较严重违章和一般性违章。对于安全生产威胁最大的就是违章，因此，我们必须将杜绝违章作为保证安全的头等大事来抓。

　　为提升安全生产能力，遏制人员违章发生，本书搜集整理了火电厂发电运行、机械检修、电控检修、除灰脱硫脱硝、燃料运检、电厂化学六个专业人员的典型违章行为，整理分类，汇编成册，以精炼的语言、形象的漫画再现违章现场，再敲安全警钟，再强安全意识。

编者

2017 年 5 月

一、现场着装 违章

*1* 进入生产现场不按规定着装。

2 不按规定使用劳动保护用品。

3 电气作业不穿绝缘靴、不戴绝缘手套。

二、安全文明生产 违章

4 工作结束后，作业现场未做到"工完、料净、场地清"，就终结工作票。

⑤ 现场照明损坏未及时修复，致使工作场所照明不足。

⑥ 安全通道、应急门等处未装设事故应急照明。

⑦ 现场未配备手电筒等应急照明设施。

⑧ 工作场所灰、水、油等赃污未及时清除。

9 现场应急医药箱未配备或药品不符合要求、药品过期未及时更换。

三、安全管理 违章

**10** 对自身安全职责认识不清或落实不到位。

*11* 安全规章制度或技术标准要求不健全或不完善。

⑫ 班组安全活动不落实，活动记录不切合生产实际。

⑬ 安全监督、检查不及时，走过场。

⑭ 安全管理不严、考核不严。

⑮ 现场检查对无票作业不制止。

⑯ 违章指挥或在现场默许违章作业。

17 临时用工安全管理不严，安全监护不到位。

18 生产培训不能与安全培训相结合，不与现场设备、系统方式相结合。

19 技术问答和反事故演习没有针对性。

20 指派未经安全教育、安规考试、安全技术培训的临时工作人员参加工作。

四、操作票违章

*21* 停送电操作不按操作票执行。

22 停送电通知单填写不规范。

23 重大操作监护不到位。

24 操作票执行中不唱票、不复诵。

㉕ 操作过程中向学习人员讲解。

26 操作过程中监护人放弃监护，参与操作。

㉗ 操作人、监护人与票面不符。

五、交接班违章

28 交接班制度执行不严。

㉙ 交接班时工作交接不清楚。

30 进出配电室不随手关门。

六、工作票 违章

31 工作前不开工作票，而借用他人工作票工作。

32 既当某项工作的工作负责人，又是另一工作的工作班成员，同时持两份工作票，且两份工作同时开工，工作负责人完全没有起到应有的作用。

33 工作票安全措施执行不到位。

34 安全措施执行中标示牌悬挂不正确。

35 工作票"补充安全措施"不完整。

㊱ 没有办工作票就开工。

37 随意借用他人姓名开具工作票。

38 工作延期不办理工作票延期手续。

39 重新开工不严格检查工作票上的安全措施。

*40* 完工后未做到料净、场地清。

41 热机票和电气票同时存在时，试转中未收回所有工作票。

七、现场作业 **违章**

42 进入电除尘本体工作未穿连体工作服、未戴防尘口罩、未系安全绳，进入电除尘本体工作前未进行放电。

43 在除尘器或脱硫塔上工作时靠着栏杆休息。

44 除尘器、脱硫塔等设备登高检查时，不扶扶手。

45 进入除尘器作业无人监护。

46 进入未经过充足通风的脱硫塔工作。

47 在脱硫塔、除尘器等处上下抛接物品。

48 脱硫废水系统加药时未戴橡胶手套及护目镜。

*49* 脱硫塔内部检修时未按规定使用 12V 行灯。

50 工作人员能力、资格不符合岗位要求。

51 运行分析不切合生产实际、设备状况。

52 设备异动不及时修改图纸和办理异动手续，不向现场工作人员技术交底。

53 对讲机等无线设备使用不规范，在重要设备周围等处违规使用。

54 使用接线磨损、接线不规范的绝缘电阻表。

55 检修工作拆除的栏杆，未及时恢复。

56 转机轴承温度计等就地仪表量程选择不正确。

57 测绝缘前没验电。

58 使用不匹配的加长扳手操作阀门。

59 爬梯不注意逐阶检查。

八、巡回检查违章

60 巡回检查不按规定路线进行。

61 巡回检查存在缺项、漏项现象。

62 巡回检查不按规定时间进行。

63 检查记录字迹潦草，不能反映设备缺陷和状态。

64 发现缺陷不按缺陷等级规定的时间处理消缺。

# 九、消防违章

65 现场消防器材未定期检查。

66 现场消防设施丢失。

67 消防器材挪用或使用后未及时补充。

68 在存在玻璃鳞片防腐层的脱硫塔内部检修时吸烟。

十、安全工器具 违章

㊹ 班组配用的安全工器具不按期校验。

70 班组配用的安全带不按期进行试验，超期使用。

71 安全工器具如验电笔等不定期更换。

72 安全帽不按期更换。

73 接地线不按规定存放，表面赃污。

74 接地线损坏、断线未及时更换。

75 接地线不登记或登记不完整。

me

76 在 2m 以上的地点作业不使用安全带。

77 使用安全带前不按规定进行检查。

78 安全带使用方法不正确。

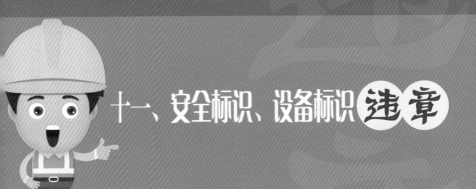

十一、安全标识、设备标识 **违章**

79 电气设备双重编号不全。

*80* 现场盘柜等处专用接地点不明显。

81 现场设备、阀门标示牌丢失，未及时补充。

82 现场管道标志、流向标识不全。

83 转机轴承油位计破损或不清晰。

84. 油位计没有正常油位标识。